少偷一点行不行

Why CaN'T I STeaL LeSS?

Gunter Pauli

冈特·鲍利 著

李康民 译 李佩珍 校

U0348463

学林出版社

目 录　　COntEnT

约翰来到教堂，向神父忏悔，说他一直在偷东西。

John goes to church and confesses to the priest that he has been stealing.

约翰

John

不能，我的孩子

No, my son

"不过，"男孩接着说，"如果我保证，从现在开始少偷一点，能变成一个好孩子吗？"

　　"不能，我的孩子。"神父回答道，"少偷一点是不够的。你想要被当作好孩子看待，就必须再也不偷了。"

"But," continues the boy, "If I promise that from now on, I will steal less, will that make me a good boy?"

"No, my son," responds the priest, "stealing less is not good enough. You must never ever steal again to be even considered as a good boy!"

约翰低下头，胆怯地解释说："我一直在偷，有很长时间了，我怕没办法马上做到不再偷了……但是，我可以试试，比如说把偷东西的时间减少一半……"

John looks down and explains timidly:

"I have been stealing for a long time and I don't think I can stop immediately…. But, if I try a little, for example, reduce the amount of stealing to half of the time…."

我一直在偷

I have been stealing

……小偷！

...thief!

"不行！"神父答道，"偷多偷少都是偷。小偷就是小偷。"

"No!" replies the priest. "Whether you steal more or less, you are stealing. A thief is a thief."

约翰还想辩解："但是，如果我答应您只在周末偷呢，这样在其他日子我还不算是好孩子吗？"

"当然不算！"神父不耐烦地说，"要是你已经偷了很长时间了，你更要马上就停止偷窃，并对自己的所作所为感到懊悔！"

John tries again: "But, if I promise you that I will only steal on the weekends, will I not be considered a good boy during the week?"

"Absolutely not!" says the priest impatiently. "If you've been stealing for a long time, you must stop immediately and show how sorry you are for what you have done!"

······周末偷？

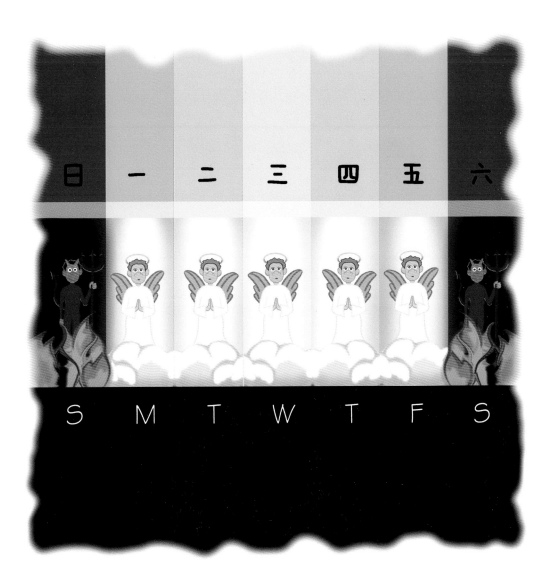

···WEEKENDS?

……地狱！

...hell!

"我保证，再过几年我会改正的，我一定会照您说的去做。"

"还要再过几年？假如你继续偷窃，这样下去你最终就会下地狱。"

"I promise that in a few years I'll be able to change and do everything you tell me."

"Not until then? If you continue on this path you will end up in hell."

男孩闷头想了想，然后咕哝起来：

　　"要这么说，我爸爸最终也会下地狱。"

　　"你说什么？"神父问道，"你父亲？他可不是小偷。我非常了解他！"

After a moment of silence, the boy murmurs:"Then my dad will end up in hell as well."

"What?" exclaims the priest. "Your father? He is not a thief. I know him very well!"

我爸爸最终也会下地狱……

Then my dad will end up in hell as well...

有毒废物……

Toxic waste....

"不，不，我不是那个意思，神父。您说得没错。我爸爸不是小偷。"男孩马上回答。

"那你刚才的话是什么意思呢？为什么你说你父亲也会下地狱呢？你父亲跟你做的事情一点关系也没有。他有一座工厂，产品质量好，给工人的工资高，还组织文化项目，帮助建造地方医院。因为减少了 80% 的有毒废物排放量，他甚至还从社区得到过环境奖。你父亲是位英雄，他永远也不会下地狱！"

"No, no, that's not what I mean, Father. You are right. My dad is not a thief," replies the boy quickly.

"Then why did you say that? Why did you say your father would also go to hell? Your father doesn't have anything to do with what you're doing. He has a factory that makes good products, offers well-paying jobs, organizes cultural programs, helped to build the local hospital, and even got the environmental prize from the community for reducing toxic waste emissions by 80%. Your father is a hero. He will never go to hell!"

男孩沉默了一会，然后直愣愣地看着神父的眼睛说："我不明白，神父。我想方设法减少偷窃的次数，并且每次少偷一点，为什么我仍然是小偷，仍然要下地狱呢？而我的父亲仅仅是因为减少了污染排放量就成为一个英雄。但他仍然在污染，不是吗？如果我也把我的偷窃减少 80%，不也就和他一样了吗？"

……这仅仅是开始！……

The boy remains silent for a moment, then looks the priest straight into his eyes and says:

"I don't understand it, Father. How come I will go to hell if I try stealing less and reduce the number of times I am a thief and yet my dad is a hero for polluting less? He is only reducing the amount he pollutes. He is still polluting, isn't he? Isn't it the same if I reduce my stealing by 80%, too?"

... AND IT HAS ONLY JUST BEGUN! ...

……这仅仅是开始！……

... AND IT HAS ONLY JUST BEGUN! ...

你知道吗?

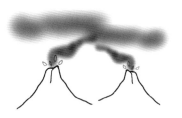

很久以前,空气的质量只受自然因素的影响,如火山喷发。

现在,即使农业上减少杀虫剂和有毒化学物的使用,我们的消化道问题和皮肤病仍然在增加。

地球给我们提供了丰富的农产品,我们一定不能再污染地球了。

　　我们需要洁净的空气来保持我们的健康，维持稳定的气候，让生态系统正常地进化。

　　人类制造出来的垃圾没有被合理堆放和合理利用，从而造成了土壤污染。

想一想

约翰认为，假如他只在周末偷东西，他至少有一半时间是好孩子。你怎么想？

你认为只有偷东西的人才是坏人吗？

在这个故事里，谁对？谁错？

你认为一个人少偷一点，是否意味着那人就不是小偷了呢？

假如你少做了点坏事，是否意味着你不是在做坏事了呢？

你对污染怎么看?

你认为污染对你有影响吗?

如果我们的地球知道了我们正在污染它,你认为它会怎么想呢?

你能做到好好照管我们的地球吗?

你认为我们能毫无顾忌地利用自然提供的一切东西吗?

自己动手！ DO IT YOURSELF!

家里的垃圾都被你扔到了哪里呢？做好三个垃圾箱，你就可以把家里的垃圾进行分类。找三个大箱子，分别做上标记："塑料"、"纸"和"有机物"。

每只箱子上贴一个标记。贴"塑料"标记的箱子，放家里的塑料废物；贴"纸"的箱子放废纸；贴"有机物"的箱子放有机废物。有机废物指残羹剩饭和蔬果残渣。

可以在每只箱子画上你想画的图案。用这种方法，你就可以学会区分不同种类的垃圾，别人也可以利用其中有用的材料。

有机废物可用作植物的肥料或者做家畜的饲料。塑料可再生利用，做很多有用的东西，比如图中的包。废纸可做再生纸。

学 科 知 识

Academic Knowledge

生物学	自然系统里没有废物的概念。
化 学	对某一物种有毒的东西很有可能是另一自然王国某一物种的营养或能源物质。
工程学	(1)清洁生产系统。(2)副产品的协同作用。
经济学	环境管理。
伦理学	(1)"坏事少做点"相比"好事多做点"。(2)绝对坏和绝对好是不存在的。
历 史	谁为过去的过错受到了谴责？谁得到了原谅？
地 理	哪里和哪种文化或宗教对偷窃的看法不一样呢？
数 学	两个负数相乘是否会得到一个正数？
生活方式	(1)具有双重道德标准的社会。(2)不改变内在现实只修饰外表。
社会学	在现实面前我们都是睁眼瞎，看不见它的真相。
心理学	(1)人们怎样接受新的社会价值观？(2)为什么人们对自己的错误视而不见？
系统论	自生系统论(autopoiesis)的概念。

情 感 智 慧
Emotional Intelligence

男 孩

男孩知道自己是小偷，但同时又表现出了足够的自省意识。他还很自信，并不焦虑或担心受迫害，显得镇定自若。他没有看出偷得少些和少污染些这两种对社会都有害的做法之间有什么不同。他小心地斟酌神父的逻辑，在一种简单而符合逻辑的框架内评估形势。他尊敬神父的地位，提出了一个无可辩驳的逻辑。有趣的是，当神父用一连串理由证明他的错误时，男孩既不作肯定回答也不发出威胁，而是通过反问使得神父哑口无言。

神 父

神父开始试图以公认的逻辑规范男孩的思想。但是，男孩使神父心绪不宁，难以控制自己的感情。在故事结尾，神父无法回应男孩的逻辑。这种逻辑不仅令人信服，而且对社会维护双重道德标准的行为提出了强烈批评。在神父看来，偷窃和污染之间有不同；而在男孩看来则没有区别。当男孩用问话的形式摆出他的观点时，神父无言以对，他由愤怒变成困惑。现在他们双方都对此有了更高层次的理解。这表明了没有得到解答的问题是如何引导人们达到顿悟的。

思維拓展
Systems: Making the Connections

故事凸显了统治我们社会的双重道德标准。任何人答应少偷点都是一种进步，然而从社会的角度，特别是从法官的角度看，偷得少仍然要坐牢。可另一方面，公司污染少一点，就被颁发环境奖！这怎么可以呢？它们仍然在污染，只是少污染一点而已；就好像一个人仍然在偷，不过是少偷一点而已。

在公众看来，污染少一点应该受到欢迎和鼓励。我们应该有能力完全消除污染，怎么可以对同样危害社会的两个问题用双重标准来处理呢？我们应该摒弃这种双重标准。正如神父所说，男孩从社会偷了那么多，现在正是为社会做点好事的时候了。可是一个人怎样才能动员从环境索取了这么多的企业回报社会和环境呢？当这些公司作出贡献时，它们所尽的社会责任会被认可。那么应该如何对待男孩偷少些的辩解呢？

目前有几个国家正在审视以承担社区服务作为对罪犯，特别是初犯的惩治措施。与人们欢迎商业人士把部分利润用于服务社区相比，那些获得经营许可在社区赚钱的公司，更应该回报社会。正是这种延续的双重标准从根本上给许多年轻人带来困惑，使他们因而感到有了随意妄为的理由。

动 手 能 力
Capacity to Implement

翻开上周的所有新闻报纸或上月的杂志，找一找国家或世界颁发的环境奖。仔细看看是哪家公司得了奖，为什么得奖，然后用本故事描述的逻辑分析一下导致他们得奖的行为。这家公司一直对环境友好清洁吗？它是否仍然排放一些有毒废物污染环境？假如这些废物在现有法规排放标准之内，你认为它在明知排放的是有毒物质后仍继续污染的行为正确吗？

艺 术
Arts

选定几部有关忏悔的伟大剧作或歌剧。想一想应该如何以舞台形式表示忏悔？也许更重要的是，在做忏悔时，接受忏悔的人会作出何种反应？是怜悯、愤怒还是悲哀？如果你喜欢，设法细腻地表演男孩的忏悔，并派生出不同的结论。

译者的话
Words of Translator

这则故事的主题是人类社会常有的双重标准。我国有句俗话："只许州官放火，不许百姓点灯"，说的就是双重标准。双重标准体现在很多方面，比如不公正地待人处事，对人苛求，对己宽容。再比如，男女找工作机会不均等，同工不同酬，这也是双重标准。在这则故事里，作者用男孩子偷东西和企业排污两个事例的对比，揭示了在保护生态环境方面的双重标准。故事里提出的问题是开放的，每个人都可以有自己的答案。

故事灵感来自
马里奥·卡尔德隆·里维拉

Mario Calderón Rivera

马里奥·卡尔德隆·里维拉博士是一位律师、波哥大哈维里亚娜大学的经济学家，也是马尼萨莱斯自治大学社会科学荣誉博士，曾任哥伦比亚非政府机构联合会主席、波哥大罗萨里奥大学系主任和哥伦比亚驻希腊大使。

在担任哥伦比亚中央抵押银行的总经理期间（1979-1989），他发起了利用太阳能给水加热的社会住房计划，这一计划至今仍然是世界上最大的社会福利太阳能项目。担任马尼萨莱斯商会执行主席期间（1997-2002），他在把咖啡种植区转变为繁茂的安第斯热带生物多样性保护区过程中发挥了重要作用。由于他的努力，在马尼萨莱斯建造了由建筑师西蒙·贝雷斯设计的零排放计划展示馆，现在成了该地区的标志性建筑。他和已故的哥伦比亚科学院院长马里奥·奥萨哈一起，在卡洛斯·恩里克·罗伊兹校长领导下发起了卡尔达斯大学热带生物学大学生研究项目。目前他是马尼萨莱斯自治大学董事会成员、咖啡种植区零排放基金会主席和地区生态系统可持续发展的积极推进者。他也是联合国环境计划署、卡尔达斯政府和哥伦比亚地区和城市发展的顾问。马里奥·卡尔德隆博士以他不倦的努力追求新未来，鼓舞着我们的下一代。

出版物

* Calderón Rivera, Mario. Un nuevo municipio, un nuevo país. Variaciones alrededor de un desarrollo regional y urbano. Bogotá, Imprenta Nacional, 1987.

* Calderón Rivera, Mario. China o la revolución del pragmatismo. Bogotá, Tercer Mundo Editores, 1988.

网页

* http://www.semana.com.co/opencms/opencms/Semana/articulo.html?id=19008

* http://www.biopolitics.gr/HTML/PUBS/EVEA/english/calderon.htm

* http://www.rolac.unep.mx/perfil/esp/premios.htm

* http://www.gestiopolis.com/recursos/documentos/fulldocs/ger1/iso14car.htm#HISTORIA

图书在版编目（CIP）数据

少偷一点行不行 ／（比）鲍利著；李康民译．——
上海：学林出版社，2014.4
（冈特生态童书）
ISBN 978-7-5486-0664-2

Ⅰ．①少… Ⅱ．①鲍… ②李… Ⅲ．①生态环境-
环境保护-儿童读物 Ⅳ．① X171.1-49

中国版本图书馆 CIP 数据核字 (2014) 第 021014 号

_____

著作权合同登记号 图字 09-2014-041 号

冈特生态童书
少偷一点行不行

作　　者—— 冈特·鲍利
译　　者—— 李康民
策　　划—— 匡志强
责任编辑—— 李晓梅
装帧设计—— 魏　来
出　　版—— 上海世纪出版股份有限公司学林出版社
　　　　　　（上海钦州南路 81 号 3 楼）
　　　　　　电话：64515005 传真：64515005
发　　行—— 上海世纪出版股份有限公司发行中心
　　　　　　（上海福建中路 193 号 网址：www.ewen.cc）
印　　刷—— 上海图宇印刷有限公司
开　　本—— 710×1020　1/16
印　　张—— 2
字　　数—— 5 万
版　　次—— 2014 年 4 月第 1 版
　　　　　　2014 年 4 月第 1 次印刷
书　　号—— ISBN 978-7-5486-0664-2/G·228
定　　价—— 10.00 元

（如发生印刷、装订质量问题，读者可向工厂调换）